1

700 − 400 =		990 − 60 =	
880 − 600 =		680 − 20 =	
660 − 500 =		844 − 400 =	
550 − 400 =		725 − 500 =	

2

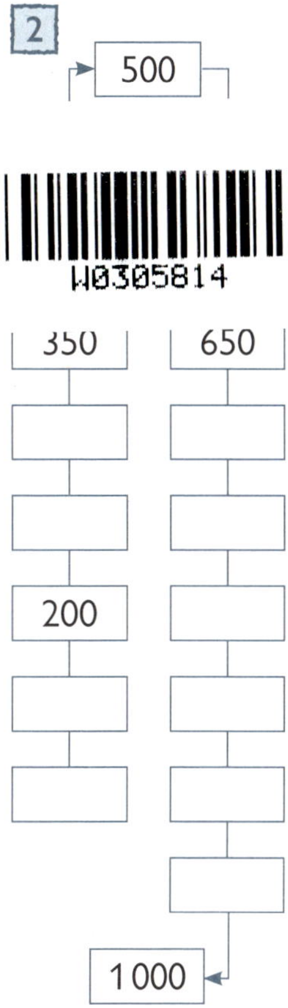

W0305814

3

333 − 8 =		375 − 225 =	
558 − 24 =		989 − 439 =	
685 − 123 =		657 − 327 =	
755 − 135 =		488 − 266 =	

4

200 + 600 =		620 + 70 =	
300 + 400 =		440 + 60 =	
480 + 500 =		810 + 90 =	
230 + 300 =		330 + 60 =	

5

554 + 9 =		239 + 31 =	
554 + 19 =		249 + 31 =	
554 + 29 =		259 + 31 =	
554 + 39 =		269 + 31 =	

6 Finde die Regel für das Bilden der Zahlenfolge.
Setze die Zahlenreihe fort.

150	210		330		

7 Wie groß ist die Summe aus dem Doppelten von 120 und 740?

Wie groß ist die Differenz aus 840 und der Hälfte von 400?

1 Nutze Rechenvorteile.

430 + 50 + 70 =

80 + 60 + 420 =

755 − 36 − 15 =

964 − 28 − 34 =

791 − 33 − 47 =

434 + 55 + 16 =

685 + 44 + 15 =

877 − 39 − 27 =

583 − 44 − 33 =

827 + 84 + 43 =

2 Finde die Regel für das Bilden der Zahlenfolge. Setze die Zahlenreihe fort.

110	111	220	222	330	

3 Setze das richtige Zeichen: < = >.

366 + 34		400	530 + 390		900	170 + 90		60 + 210
685 + 35		710	270 + 340		590	450 + 80		90 + 420
945 − 85		850	696 − 240		420	730 − 70		690 − 30
888 − 98		790	463 − 230		240	940 − 90		920 − 70
412 − 53		349	345 + 345		770	520 − 80		530 − 90

4

	4	3	8		2	6	3		6	0	5		7	8	8		6	0	4
+	3	2	1	+	4	2	2	+	2	8	6	+	1	9	9	+	3	4	6

5

	7	5	8		5	9	4		6	4	2		9	0	6		8	4	2
−	2	4	4	−	3	4	8	−	2	5	7	−	5	8	4	−	4	4	6

1: Addieren und Subtrahieren 2: Zahlenfolgen vervollständigen
3: Relationszeichen setzen 4 und 5: Schriftliches Addieren/Subtrahieren

1

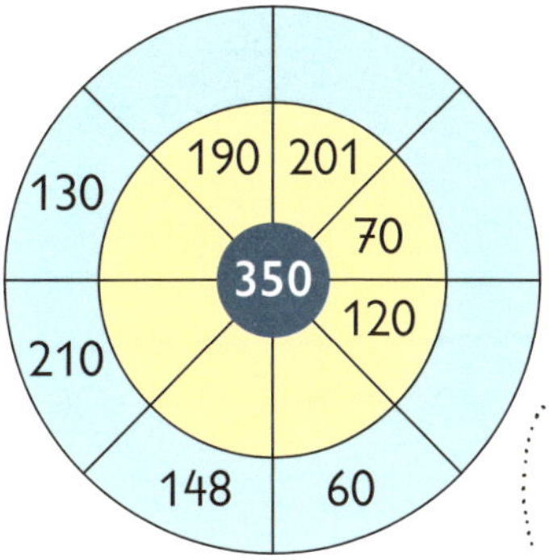

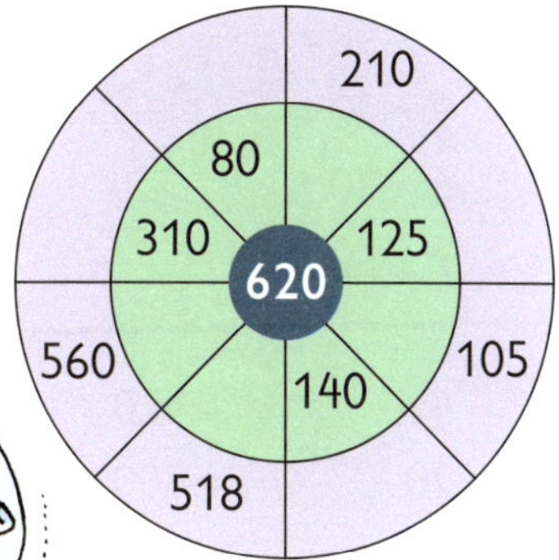

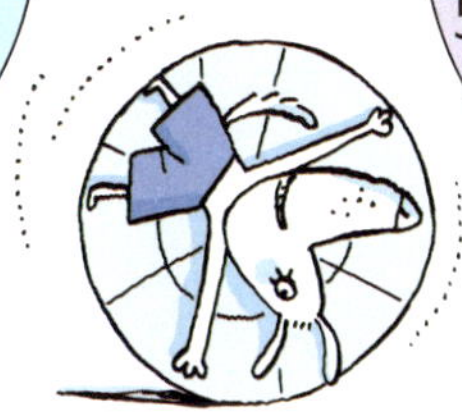

2 Vervollständige.

	2	4	8
+		6	
	5	0	9

	7		7
+		2	3
	9	4	

		8	2
+	5	7	
	8		8

	5	0	8
−		4	7
	3		

	7	6	
−		8	8
	5		0

3 Hier haben sich Fehler eingeschlichen.
Finde und berichtige sie.

	6	3	4
+	1	2	8
	7	5	2

	5	0	8
+	2	3	3
	7	4	1

	4	5	4
+	5	4	5
	9	8	9

	6	8	2
−	3	9	1
	2	9	3

	8	2	6
−	5	8	9
	2	4	3

4

+	60	23	45
245			
477			
690			
885			

−	40	35	84
390			
500			
724			
413			

1: Addieren/Subtrahieren im Rechenrad 2: Fehlende Ziffern finden
3: Fehler finden und berichtigen 4: Addieren/Subtrahieren in Tabellen

Multiplizieren und Dividieren

1

3 · 90 = ___	20 · 30 = ___	60 · 4 = ___
9 · 30 = ___	30 · 30 = ___	90 · 7 = ___
6 · 70 = ___	50 · 10 = ___	60 · 6 = ___
7 · 60 = ___	40 · 20 = ___	80 · 8 = ___

2

42 · ___ = 420	36 · ___ = 720	___ · 30 = 900
20 · ___ = 800	45 · ___ = 900	___ · 8 = 560
30 · ___ = 900	25 · ___ = 500	___ · 6 = 420
10 · ___ = 600	99 · ___ = 990	___ · 9 = 810

3

81 : 9 = ___	720 : 80 = ___	160 : 8 = ___
63 : 7 = ___	720 : 8 = ___	350 : 7 = ___
42 : 6 = ___	72 : 8 = ___	810 : 90 = ___
56 : 8 = ___	720 : 10 = ___	640 : 80 = ___

4

360 : ___ = 6	___ : 80 = 3	___ : 4 = 40
280 : ___ = 4	___ : 40 = 9	___ : 5 = 90
560 : ___ = 7	___ : 70 = 9	___ : 6 = 30
210 : ___ = 3	___ : 50 = 7	___ : 2 = 90

5

56 —· 10→ ___ —: 8→ ___ —· 3→ ___ —: 70→ ___

32 —: ___→ 4 —· ___→ 200 —: ___→ 5 —· ___→ 450

6

Welche Zahl ist das Doppelte des Produktes aus 50 und 5?

Welche Zahl ist die Hälfte des Quotienten aus 640 und 80?

1 und 3: Multiplizieren/Dividieren 2 und 4: Faktor bzw. Dividend und Divisor bestimmen
5: Rechenkette vervollständigen 6: Aufgaben finden und lösen

(1) Bilde zuerst den Überschlag. Multipliziere oder dividiere dann.

Ü:
23 · 6

Ü:
38 · 4

Ü:
66 · 6

Ü:
48 · 8

Ü:
96 : 4 =

Ü:
91 : 7 =

Ü:
78 : 6 =

Ü:
95 : 5 =

(2)

Tetrapak	1	2	3	4			
Preis	40 ct	ct	ct	ct	240 ct	360 ct	400 ct

[3]

Sticker		12	30	42			360
Packung	1	2			20	35	

[4] Der Hausmeister will neue Schülerstühle bestellen. In jedes Klassenzimmer sollen 26 Stühle gestellt werden.
Die Schule hat neun Klassenzimmer.

Wie viele Stühle müssen bestellt werden?

Aufgabe:

Antwort: ______________________

1: Multiplizieren und Dividieren mit Überschlag 2 und 3: Tabellen ergänzen
4: Inhalt erfassen, Aufgabe finden, lösen und im Satz antworten

Dividieren mit Rest

1 Dividiere und überprüfe das Ergebnis.

27 : 5 = ___ R ___, denn ___ · 5 = ___ und ___ + ___ = 27

46 : 7 = ___ R ___, denn ___ · 7 = ___ und ___ + ___ = 46

87 : 9 = ___ R ___, denn ___ · ___ = ___ und ___ + ___ = 87

76 : 6 = ___ R ___, denn ___ · ___ = ___ und ___ + ___ = 76

2

235 : 6

428 : 9

565 : 7

398 : 4

3 Anna sagt: Wenn ich 407 Cent gleichmäßig an 5 Kinder verteile, dann bleiben 2 Cent übrig. Stimmt das?

Aufgabe:

Antwort: ___

4

103 : 30

568 : 80

1: Dividieren, Lösung begründen 2: Dividieren
3: Inhalt erfassen, Aufgabe finden, lösen und im Satz antworten 4: Dividieren durch Zehnerzahlen

1

15 + 2 · 20 = 55
15 + 40 = 55

27 + 30 · 3 = ___
27 + ___ = ___

38 + 4 · 20 = ___
___ + ___ = ___

100 + 20 · 3 = ___
___ + ___ = ___

7 · 10 + 86 = ___
___ + ___ = ___

9 · 30 + 86 = ___
___ + ___ = ___

8 · 50 + 86 = ___
___ + ___ = ___

40 · 4 + 216 = ___
___ + ___ = ___

2 Versuche im Kopf zu rechnen.

35 + 5 · 30 = ___
68 + 7 · 50 = ___
480 + 7 · 60 = ___
225 + 4 · 40 = ___

40 · 6 + 260 = ___
70 · 4 + 280 = ___
5 · 80 + 400 = ___
9 · 30 + 150 = ___

3

240 : 80 + 25 = ___
3 + 25 = 28

85 + 160 : 80 = ___
85 + ___ = ___

560 : 70 + 86 = ___
___ + 86 = ___

92 + 490 : 70 = ___
___ + ___ = ___

421 + 360 : 40 = ___
___ + ___ = ___

810 : 9 + 410 = ___
___ + ___ = ___

4 Setze das richtige Zeichen: < = >.

320 + 4 · 40 ◯ 7 · 30 + 3 · 90
720 + 5 · 30 ◯ 9 · 50 + 6 · 30

80 · 4 + 4 · 50 ◯ 6 · 60 + 40 · 4
40 · 6 + 3 · 40 ◯ 2 · 90 + 7 · 10

1 bis 3: Halbschriftliches oder mündliches Addieren von zwei Summanden; ein Summand ist ein Produkt/Quotient 4: Relationszeichen setzen

1

380 − 4 · 40 = ___
380 − ___ = ___

555 − 70 · 5 = ___
___ − ___ = ___

635 − 8 · 70 = ___
___ − ___ = ___

458 − 50 · 7 = ___
___ − ___ = ___

2

450 : 30 − 7 = ___
___ − 7 = ___

450 : 5 − 60 = ___
___ − ___ = ___

560 : 8 − 35 = ___
___ − ___ = ___

630 : 70 − 9 = ___
___ − ___ = ___

3 Versuche im Kopf zu rechnen.

490 : 70 − 5 = ___
810 : 90 − 4 = ___
540 : 6 − 30 = ___

250 − 3 · 30 = ___
910 − 3 · 70 = ___
657 − 5 · 40 = ___

Aufgepasst!

4 · 5 + 2 · 5 = 6 · 5
5 · 20 + 3 · 20 = 8 · 20
50 · 9 − 50 · 6 = 50 · 3

4 Hier kannst du Rechenvorteile nutzen.

3 · 8 + 7 · 8 = ___
3 · 80 + 4 · 80 = ___
6 · 40 + 2 · 40 = ___
70 · 7 + 70 · 2 = ___

7 · 20 − 3 · 20 = ___
8 · 30 − 2 · 30 = ___
60 · 4 − 60 · 3 = ___
80 · 9 − 80 · 4 = ___

5 Setze das richtige Zeichen: < = >.

320 − 4 · 40 ◯ 5 · 40 − 30 · 2
720 − 5 · 30 ◯ 4 · 80 + 3 · 60

80 · 4 + 4 · 50 ◯ 60 · 9 − 6 · 4
7 · 70 − 3 · 70 ◯ 5 · 90 − 2 · 80

1 bis 3: Halbschriftliches oder mündliches Subtrahieren, Subtrahend/Minuend ist ein Produkt/Quotient
4: Rechenvorteile erkennen und nutzen 5: Relationszeichen setzen

1

(4 + 3) · 8 = __
__ · 8 = __

7 · (12 + 8) = __
7 · __ = __

(25 – 5) · 9 = __
__ · 9 = __

4 · (36 – 28) = __
4 · __ = __

(36 + 14) · 6 = __
__ · 6 = __

9 · (44 + 36) = __
9 · __ = __

2

(32 + 18) : 5 = __
__ : 5 = __

(80 – 17) : 7 = __
__ : 7 = __

(65 + 15) : 8 = __
__ : __ = __

(96 – 32) : 8 = __
__ : __ = __

3 Versuche die Aufgaben im Kopf zu rechnen.

(100 – 44) : 4 = __
(410 – 60) : 5 = __
(740 + 70) : 9 = __
(460 + 80) : 6 = __

(350 + 70) : 60 = __
(240 + 80) : 80 = __
(490 – 40) : 50 = __
(330 – 50) : 70 = __

4 Schreibe die Aufgabe auf und löse sie.

Die Summe aus 380 und 40 wird durch 7 dividiert.

Zum Quotienten aus 540 und 90 wird 120 addiert.

5 Setze die Klammern so, dass das Ergebnis der Aufgabe stimmt.

36 + 36 : 9 – 8 = 0

36 + 36 : 8 + 9 = 18

1 bis 3: Klammerregel beim Multiplizieren und Dividieren anwenden
4: Aufgaben finden und lösen 5: Klammern richtig setzen

Addieren, Subtrahieren, Multiplizieren, Dividieren

1

	2	1	8		6	1	5		3	6	4		5	5	5		3	3	3
+	4	1	2	+	1	5	6	+		9	8	+	2	9	2	+		7	9

2

	2	0	8		9	1	6		5	7	2		9	3	3		7	4	0
–		9	3	–	6	9	1	–	2	7	5	–	2	0	7	–		7	6

3 Bilde zuerst den Überschlag, multipliziere dann.

Ü:
56 · 4

Ü:
69 · 6

4 Bilde erst den Überschlag, dividiere dann.

Ü:
840 : 4 =

Ü:
903 : 3 =

5

3 · (27 + 23) = ___

6 · (45 + 105) = ___

(100 – 55) : 5 = ___

(99 – 69) · 5 = ___

1 000 – (770 – 90) = ___

(350 + 140) : 70 = ___

6 Die Differenz aus 95 und 35 wird mit 8 multipliziert.
Berechne das Produkt.

1: Schriftliches Addieren/Subtrahieren 3 und 4: Multiplizieren/Dividieren mit Überschlag
5: Bekannte Regeln anwenden 6: Inhalt erfassen, Aufgabe finden und lösen

1. Von der Schule „Am Schwanenteich“ fahren 90 Kinder zum Schwimmwettkampf der 4. Klassen. Für jedes Kind sammelt die Lehrerin 6 € für die Fahrkarte und 2 € für ein Getränk ein.

Frage: ______________________________

Aufgabe:

Antwort: ______________________________

2. Maria liest den Kilometerzähler im Auto ab und schreibt auf:
Abfahrt: 256 km   Ankunft: 635 km
Wegen einer Umleitung dauert die Fahrt 30 min länger als geplant.

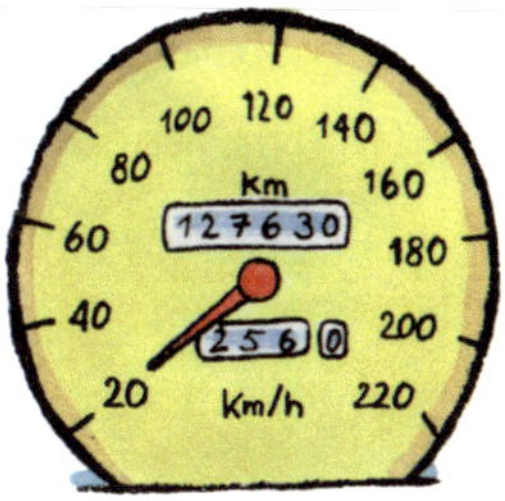

Frage: ______________________________

Aufgabe:

Antwort: ______________________________

3. Mit der Schultombola wurden 428 € eingenommen. Ein Buchverlag verdoppelte durch seine Spende den Betrag.

Frage: ______________________________

Aufgabe:

Antwort: ______________________________

1 bis 3: Inhalt erfassen, Frage formulieren, Aufgaben finden und lösen, im Satz antworten
2: Nicht notwendige Angaben erkennen

Die Zahlen bis 10 000

1

7T 4H 6Z 3E = 7

9T 1H 2Z 1E =

2T 9H 0Z 5E =

5T 0H 3Z 9E =

1T 9H 0Z 0E =

6T 0H 4Z 4E =

3T 1H 1Z 1E =

7T 6H 0Z 6E =

2 Schreibe zum Zahlwort die richtige Zahl.

viertausendzweihundertfünfzehn

eintausendsechshundertdrei

neuntausendfünfzig

sechstausendachthundertfünfundzwanzig

fünftausenddreihundertdreißig

3 Berechne die Summe und schreibe das Zahlwort auf.

3 000 + 200 + 70 + 2 =

8 000 + 100 + 50 + 3 =

4 000 + 900 + 8 =

6 000 + 200 + 90 =

4 Schreibe als Summe.

6 923 = 6 000 + 900 + ___ + ___

3 849 = 3 000 + ___ + ___ + ___

5 083 = ___ + ___ + ___

7 460 = ___ + ___ + ___

1 und 2: Zahlen zuordnen
3: Summen berechnen, Zahlwörter schreiben 4: Zerlegen

① Ergänze die fehlenden Zahlen.

___, 7005, ___, ___, 7008, ___

3200, ___, 3400, ___, ___, ___

___, 6030, ___, ___, 6060, ___

2000, ___, ___, ___, 6000, ___

___, 3900, ___, ___, ___, 3500

② Nachbartausender (NT) Nachbarhunderter (NH)

NT	Zahl	NT
	6894	
	2451	
	7347	
	4422	
	6501	
	1998	

NH	Zahl	NH
	3716	
	6283	
	5739	
	8118	
	4784	
	7942	

3 Wo gehören die Zahlen hin? Verbinde.

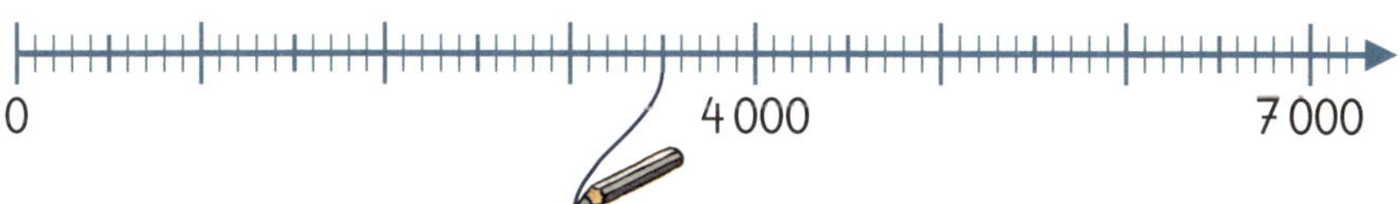

1400 2700 3500 4100 5900 6800

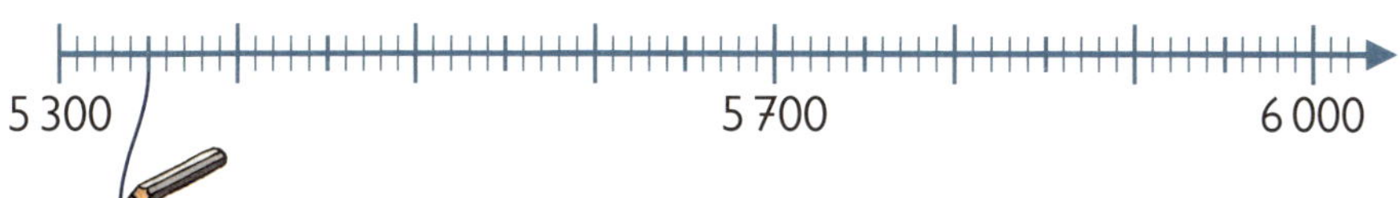

5350 5420 5480 5500 5740 5820 5960

Vergleichen und Ordnen der Zahlen bis 10 000

1 < oder > ?

4 180 ◯ 4 080	6 990 ◯ 6 988	5 444 ◯ 5 369
7 940 ◯ 7 880	2 550 ◯ 2 650	9 090 ◯ 9 100
3 456 ◯ 3 465	8 234 ◯ 8 324	6 006 ◯ 6 010
7 084 ◯ 7 090	5 091 ◯ 5 078	3 409 ◯ 3 500

2 Ordne die Zahlen. Beginne mit der größten Zahl.

3 909 4 424 3 895 399 4 599

3 Ordne die Längenangaben.
Beginne mit der kleinsten Längenangabe.

2 389 m 3 010 m 2 500 m 3 034 m 3 001 m 2 770 m

4 Zwischen 2 787 und 2 792 liegen die Zahlen:

Zwischen 4 995 und 5 000 liegen die Zahlen:

Zwischen 6 019 und 6 024 liegen die Zahlen:

Zwischen 8 398 und 8 403 liegen die Zahlen:

1: Relationszeichen setzen 2 und 3: Ordnen nach Vorschrift
4: Alle Zahlen für das gegebene Intervall angeben

(1) Schreibe mit römischen Zahlzeichen.

32	______	48	______
155	______	44	______
307	______	161	______
1 419	______	2 800	______
999	______	3 908	______

(2) Welche Zahlen sind hier dargestellt?
Schreibe mit unseren Zahlen.

XXII MXLV MCLV LXX LIX LIV

I	1
V	5
X	10
L	50
C	100
D	500
M	1 000

3 Ordne die römischen Zahlzeichen.
Beginne mit der größten Zahlenangabe.

XXXIV LXIII CMXXVI MD CCLXX MCIX

______

______

(4) Ergänze die Tabelle.

14	19			54	109			520
		DC	CX			XC	IX	

5 Die Kinder haben auf Bildern von alten Häusern diese Zahlenangaben zur Jahreszahl entdeckt:

Max: MDCCXV Tom: MCCCX Lisa: MDCV Anna: MCDV

Wer hat das älteste Haus gefunden? ______

Gib die Jahreszahl mit unseren Zahlen an. ______

1: Römische Zahlenangaben schreiben 2: Zahlen angeben 3: Zahlzeichen ordnen nach Vorschrift
4: Tabelle ergänzen 5: Jahreszahl des ältesten Hauses angeben

Ergänze die Tabellen.

1

		449	793		2650	2012
CCLX	CCXL			MCVI		

2

Vorgänger			CXX	DCLI	
Zahl	XXXV	CLI			
Nachfolger					MCXX

3 Rechne.

LIV – XIV = ____

54 – ____ = ____

DCCL – XL = ____

____ – ____ = ____

XXXVII – IX = ____

____ – ____ = ____

LXV – XXV = ____

____ – ____ = ____

XXIV + XVI = ____

____ + ____ = ____

LXIII + XXXVII = ____

____ + ____ = ____

MDXL + LXX = ____

____ + ____ = ____

4 Welche Zahlzeichen stehen für Zahlen, die kleiner als 100 sind? Kreise sie ein.

LXXV CL XXXVIII LXX XC CXC

Welche Zahlzeichen stehen für Zahlen, die größer als 200 sind? Kreise sie ein.

CLXXX LXXX CLXV CD CDXXX CLXIII

1 und 2: Tabellen ergänzen 3: Subtrahieren/Addieren
4: Zahlzeichen entsprechend der Vorgabe kennzeichnen

1

4 600 + 1 300 = ☐	7 800 − 4 400 = ☐
3 800 + 5 300 = ☐	9 400 − 6 500 = ☐
2 700 + 2 900 = ☐	8 700 − 6 900 = ☐
6 200 + 1 900 = ☐	5 300 − 3 800 = ☐

2

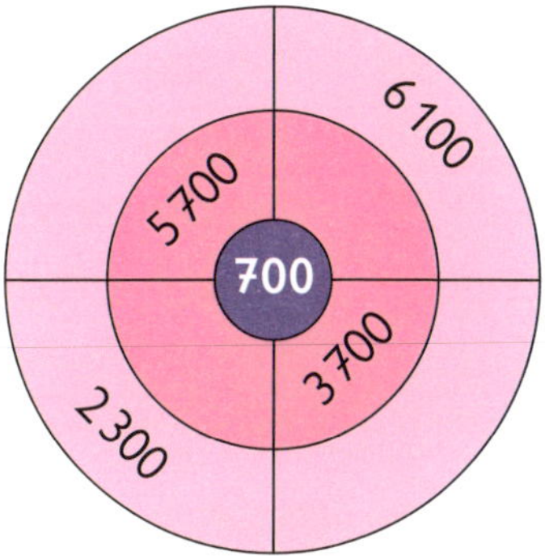

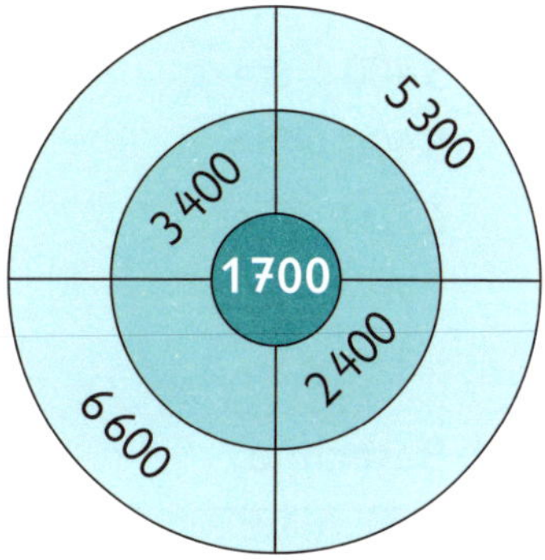

3

8 000 + 8 = ☐	7 000 − 7 = ☐
8 000 + 80 = ☐	7 000 − 70 = ☐
8 000 + 800 = ☐	7 000 − 700 = ☐

4

70 + ☐ = 100	57 + ☐ = 100
770 + ☐ = 1 000	357 + ☐ = 1 000
7 700 + ☐ = 8 000	5 357 + ☐ = 6 000
9 700 + ☐ = 10 000	7 357 + ☐ = 8 000

5 Subtrahiere von der kleinsten fünfstelligen Zahl die kleinste dreistellige Zahl. ☐ ◯ ☐ = ☐

6

	4 400	
1 200		
	600	

	10 000		
		8 300	
	900		
		150	

Multiplizieren und Dividieren

1

7 · 30 =	80 · 6 =	60 · 70 =
8 · 50 =	40 · 5 =	30 · 20 =
9 · 60 =	50 · 8 =	80 · 80 =
3 · 90 =	70 · 7 =	60 · 80 =

2

5 400 : 6 =	2 700 : 30 =	2 500 : 500 =
5 400 : 9 =	4 900 : 70 =	4 200 : 700 =
6 300 : 7 =	2 400 : 80 =	3 600 : 600 =
2 700 : 3 =	8 100 : 90 =	1 600 : 400 =

3 Berechne.

das Produkt aus 200 und 20	den Quotienten aus 4 500 und 50	den 8. Teil von 4 800

4 Ergänze zur vollständigen Aufgabe.

1800		
60	·	
90	·	
6	·	
	·	

240		
24	·	
	·	
	:	2
	:	10

4		
2 400	:	
	:	800
	:	
160	:	

5

→ 5 600 —: 7→ ☐ —: 100→ ☐ —· 400→ ☐ —: 10→ ☐ —: 40→ ☐ —· 700→ (zurück zu 5 600)

1 und 2: Multiplizieren und Dividieren 3: Aufgaben bilden und lösen
4: Aufgaben zum Ergebnis bilden 5: Rechenkette lösen

(1)

·	6	60	90
30			
60			
			3600
50			

:	8	40	100
1600			
		70	
3200			
	900		

(2)

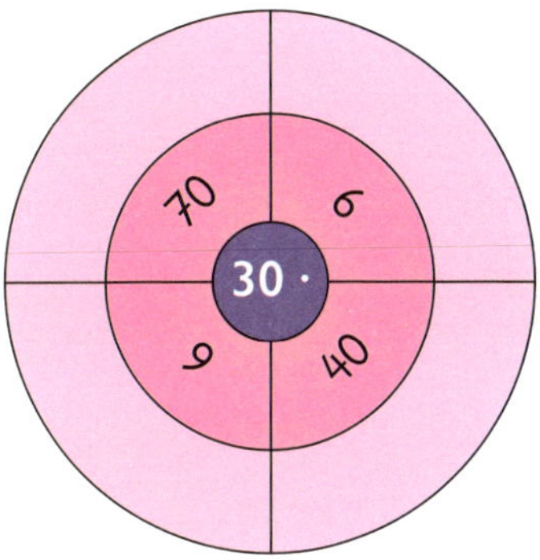

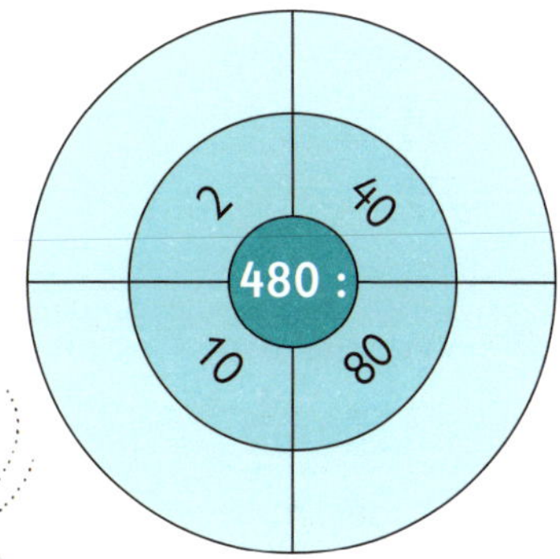

3

40 · 20 − 30 · 10 = ☐☐☐☐
60 · 50 − 40 · 30 = ☐☐☐☐
60 · 30 + 20 · 20 = ☐☐☐☐
70 · 7 + 3 · 80 = ☐☐☐☐

3500 : 70 − 1600 : 40 = ☐☐☐
5600 : 80 − 1800 : 90 = ☐☐☐
2100 : 30 + 4500 : 50 = ☐☐☐
2400 : 8 + 4200 : 7 = ☐☐☐

4 Setze das richtige Zeichen: < = >.

30 · 7 + 2 · 40 ◯ 70 · 3
50 · 6 + 3 · 30 ◯ 60 · 7
50 · 3 + 5 · 60 ◯ 90 · 5

9000 : 3 − 2000 : 4 ◯ 4500 : 5
4200 : 7 − 1800 : 6 ◯ 9000 : 3
3600 : 4 − 2400 : 8 ◯ 4200 : 6

5

7200 —: ☐→ 900 —· ☐→ 2700 —: ☐☐→ 30 —· ☐☐→ 1500 —: ☐☐→ 50

Kilometer – Meter – Zentimeter – Millimeter

1 Miss die Strecken.
Gib die Längen verschieden an.

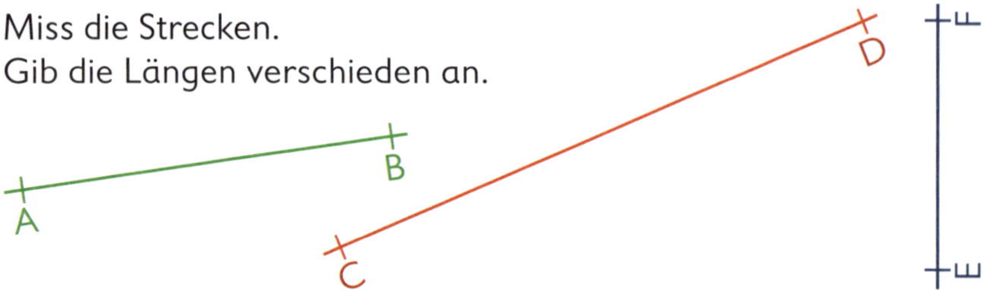

$\overline{AB}$ = __ cm __ mm
$\overline{AB}$ = __ , __ cm
$\overline{AB}$ = __ __ mm

$\overline{CD}$ = __ cm __ mm
$\overline{CD}$ = __ , __ cm
$\overline{CD}$ = __ __ mm

$\overline{EF}$ = __ cm __ mm
$\overline{EF}$ = __ , __ cm
$\overline{EF}$ = __ __ mm

2 Wandle um.

1 500 m = __ , __ km
800 m = __ , __ km
0,6 cm = __ mm
6 000 mm = __ m
66 m = __ , __ __ __ km

$\frac{1}{2}$ km = __ __ __ __ m
5,4 km = __ __ __ __ m
8,040 km = __ km __ __ m
5,002 km = __ km __ m

3 Wandle in die nächstkleinere Einheit um.

7 cm = ______	32 cm = ______	0,5 cm = ______
7 m = ______	12 m = ______	1,35 m = ______
7 km = ______	4,4 km = ______	0,9 km = ______

4 Wandle in die nächstgrößere Einheit um.

40 mm = ______	37 mm = ______	3 mm = ______
40 cm = ______	850 cm = ______	3 cm = ______
40 m = ______	421 m = ______	3 m = ______

(1)

4ZT 4T 8H 3Z 4E = _____ 3ZT 9T 9E = _____

9ZT 1T 0H 7Z 1E = _____ 8ZT 9H = _____

1ZT 0T 5H 0Z 9E = _____ 9ZT 4E = _____

6ZT 2T 3H 0Z 0E = _____ 7ZT 6T = _____

(2)

Vorgänger	Zahl	Nachfolger
	43 576	
	62 400	
	71 720	
36 459		
		82 300

(3) < oder > ?

28 180 ___ 27 718

94 098 ___ 94 809

20 025 ___ 20 024

49 949 ___ 49 499

13 609 ___ 12 999

4 Schreibe zum Zahlwort die richtige Zahl.

siebzigtausendsiebenhundertsechs _____

achtzigtausendachthundertneunundneunzig _____

dreiunddreißigtausend _____

vierundvierzigtausendachthundertfünfundsiebzig _____

neunzehntausendzehn _____

5 Schreibe als Summen.

19 542 = 10 000 + 9 000 + 500 + ___ + ___

87 672 = 80 000 + ___ + ___ + ___ + ___

36 094 = ___ + ___ + ___ + ___

10 467 = ___ + ___ + ___ + ___

54 009 = ___ + ___ + ___

(6) Ordne die Zahlen. Beginne mit der kleinsten Zahl.

79 482 80 122 79 389 69909

____

1 Ergänze:

zum nächsten Tausender

56 200 + ___ = 57 000
28 500 + ___ = ___
74 100 + ___ = ___
33 850 + ___ = ___
67 770 + ___ = ___

zum nächsten Zehntausender

37 000 + ___ = 40 000
88 000 + ___ = ___
16 000 + ___ = ___
55 000 + ___ = ___
41 000 + ___ = ___

2 Ordne die Zahlen. Beginne mit der größten Zahl.

29 429   30 010

31 000   30 985

3 Ergänze die Zahlenfolgen.

___, 66 999, ___, ___, 67 002

45 398, ___, ___, ___, 45 402

69 996, ___, ___, ___, 70 000

___, 81 000, ___, ___, 81 003

4 Ordne die richtigen Zahlen zu.

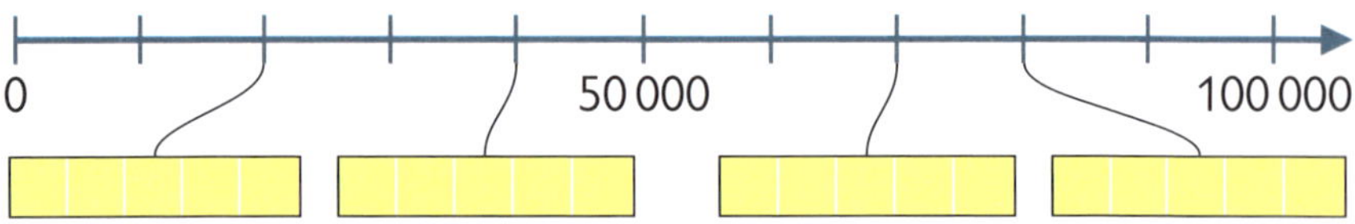

Addiere zu jeder dieser Zahlen 5 000.
Welche Zahlen erhältst du?

1: Zum nächsten Tausender/Zehntausender ergänzen
2: Nach Vorschrift ordnen 3: Zahlenfolgen ergänzen 4: Zahlen zuordnen

1 Schreibe als Zahl.

5 HT 4 ZT 8 T 6 H 2 Z 9 E = ______

7 HT 2 ZT 0 T 3 H 0 Z 5 E = ______

2 HT 0 ZT 4 T 0 H 0 Z 6 E = ______

9 HT 5 ZT 0 T 4 H 3 Z 0 E = ______

2 Zerlege in eine Summe.

463271 = 400000 + 60000 +
3000 + 200 + 70 + 1

525763 =

3 Schreibe zum Zahlwort die richtige Zahl.

dreihundertachttausendzweihundertachtzig ______

fünfhundertsiebentausenddreihundertzwanzig ______

neunhunderttausendzweiundvierzig ______

sechshunderttausendvierhundertfünf ______

achthunderttausendsechshundertneunzig ______

4 Ergänze.

zum nächsten Zehntausender

715 000 + ______ = 720 000

641 000 + ______ = ______

476 000 + ______ = ______

288 000 + ______ = ______

zu einer Million

600 000 + ______ = 1 000 000

900 000 + ______ = 1 000 000

500 000 + ______ = 1 000 000

100 000 + ______ = 1 000 000

5 Vervollständige.

599 800
↓
______
↓
600 200
↓
______
↓
600 600
↓
______

1: Zahlen zuordnen 2: Zahlen als Summe darstellen 3: Zahl dem Zahlwort zuordnen
4: Summand ermitteln 5: Zahlenfolge vervollständigen

1 Ergänze die Zahlenfolgen.

350 200, 350 400, 350 600, ______, ______, ______, ______, ______

520 350, 520 400, 520 450, ______, ______, ______, ______, ______

______, ______, 620 770, 620 775, 620 780

______, ______, ______, 814 500, 824 500, 834 500, ______, ______

2 < oder > ?

18 904 ◯ 18 709　　376 541 ◯ 37 651　　456 078 ◯ 465 087

72 045 ◯ 72 450　　828 208 ◯ 828 209　　190 199 ◯ 10 919

26 318 ◯ 2 816　　720 824 ◯ 720 482　　109 199 ◯ 109 198

3 Gesucht werden:

Nachbar**z**ehn**t**ausender (**NZT**)

NZT	Zahl	NZT
	475 630	
	290 915	
	688 240	
	547 999	

Nachbar**h**undert**t**ausender (**NHT**)

NHT	Zahl	NHT
	367 450	
	780 222	
	234 567	
	765 432	

4 Zahlen gesucht

die kleinste sechsstellige Zahl ______

die größte sechsstellige Zahl ______

die kleinste fünfstellige Zahl ______

die größte fünfstellige Zahl ______

1: Zahlenfolgen vervollständigen 2: Zahlen vergleichen und Relationszeichen setzen 3: Nachbarzehntausender/Nachbarhunderttausender bestimmen 4: Zahlen finden

1 Runde auf **Vielfache von 10**.

783
115
222

2 387
5 985
1 048

78 944
648 166
809 405

2 Runde auf **Vielfache von 100**.

398
590
96

7 245
1 449
6 055

455 555
70 892
51 143

3 Runde auf **Vielfache von 1 000**.

8 808
52 097
10 999

863 919
909 099
420 707

4 Runde auf **Vielfache von 10 000**.

742 413
649 243
148 063

255 222
548 569
111 555

5 Ordne den Längen der Eisenbahnstrecken der Länder die passenden Näherungswerte zu.

Österreich: 6 767 km
Frankreich: 36 676 km
Italien: 18 168 km

37 000 km
18 000 km
29 000 km
14 600 km
6 800 km
80 000 km

Polen: 28 937 km
Deutschland: 81 157 km
Spanien: 14 573 km

1 bis 4: Runden auf die gegebenen Vielfachen 5: Näherungswerte zuordnen

Addieren und Subtrahieren

1

436 348 + 30 000 =

436 348 + 300 000 =

567 198 − 6 000 =

567 198 − 30 000 =

2

+	200	2 000	50 000	400 000
328 216				
240 461				
502 379				

3

−	600	3 000	60 000	500 000
894 689				
778 756				
664 750				

4

			770 000				
				560 000			
					440 000		
						330 000	

5 Berechne die Differenz aus 788 444 und der kleinsten dreistelligen Zahl.

Berechne die Summe aus 444 001 und der größten zweistelligen Zahl.

Subtrahiere 500 000 von der größten sechsstelligen Zahl.

1

Ü:		
42615	35679	121298
+ 18436	+ 28047	+ 68407

Ü:		
95286	426088	360457
+ 213042	+ 18766	+ 140653

2 Berechne die Summe aus der kleinsten fünfstelligen Zahl und der größten geraden vierstelligen Zahl.

3 Hier haben sich Fehler eingeschlichen. Finde sie und berichtige.

637763	789978	37097
+ 123321	+ 14098	+ 224106
770084	804085	351303

4 Rechne im Kopf oder schriftlich.

25 380 + 2 110

472 520 + 33 333

Addieren mit mehr als zwei Summanden

1 Bilde zuerst den Überschlag, addiere dann.

Ü:						
	3	6	2	5	0	0
+			7	8	1	9
+	4	1	2	8	2	7

Ü:						
		7	6	0	5	6
+	7	2	9	8	3	7
+	1	8	7	4	0	5

Ü:						
	2	8	6	3	8	5
+	1	2	3	3	1	2
+	3	1	2	4	5	6

Ü:						
	3	8	9	9	1	7
+	4	8	9	9	1	8
+		3	2	4	5	6

Ü:						
	4	3	6	1	9	5
+		2	1	7	4	3
+		4	2	1	9	2

Ü:						
	1	2	4	5	3	1
+	2	3	6	1	1	4
+	4	4	2	2	5	5

2 Ergänze.

		8	6	5	0	
+		5	4		2	3
+	6			7		7
	7	5	1	5	0	8

	3		2	7		6
+		1	4	0	3	
+		5			2	2
		2	7	0	2	9

	1	8		4	2	9
+		1	3		3	2
+	2	1	3	8		4
	6		0	4	7	

3 Überschlage und setze dann das richtige Zeichen: < oder >.

Ü: ______

27428 + 13215 + 30244 ◯ 75000

Ü: ______

9733 + 38192 + 40289 ◯ 100000

Ü: ______

127980 + 220270 + 351267 ◯ 700000

1: Addieren mit Überschlag 2: Fehlende Ziffern finden
3: Überschlagen und Relationszeichen setzen

1

Ü:

	84236
−	5248

Ü:

	67508
−	48909

Ü:

	408372
−	145617

Ü:

	864025
−	80452

Ü:

	470008
−	189924

Ü:

	721345
−	88988

2

56 817 − 26 718

998 075 − 89 057

158 817 − 126 781

777 888 − 99 546

3 Im vergangenen Jahr wurde Spielzeug für 930 765 € verkauft.
Das waren 87 819 € mehr als in diesem Jahr.

Frage: ______________________________

Aufgabe:

Antwort: ______________________________

1 und 2: Subtrahieren mit Überschlag
3: Inhalt erfassen, Frage stellen, Aufgabe finden, lösen und im Satz antworten

Subtrahieren mit zwei Subtrahenden

1

	Ü:	
248942	856765	534678
− 18924	− 56765	− 123456
− 38942	− 65765	− 234567

2 Überschlage zuerst.
Schreibe dann stellengerecht untereinander.

25 787 − 1 837 − 8 905

Ü:

325 784 − 31 837 − 38 905

Ü:

805 150 − 406 160 − 105 105

Ü:

943 210 − 5 372 − 47 609

Ü:

3 Hier war der Fehlerteufel. Berichtige.

658218	858218	474747
− 185812	− 18582	− 183381
− 62017	− 204529	− 90909
500289	435217	300374

1 und 2: Subtrahieren mit Überschlag
3: Fehler korrigieren

1

Rechne hier:

$3760 + 640 = x$

$x =$

$24618 + 1332 = y$

$y =$

$12650 + z = 12875$

$z =$

$76823 + n = 77000$

$n =$

2 $5876 - 2426 = m$

$m =$

$95766 - 4546 = g$

$g =$

$62480 - s = 61120$

$s =$

$77653 - p = 51221$

$p =$

3 Schreibe alle Zahlen auf, die du für x einsetzen kannst.

$5798 + x < 5804$

$x =$

$3004 - x > 2999$

$x =$

4 Gib die kleinste und die größte Zahl an, die du für y einsetzen kannst.

$3988 + y < 4008$ $y =$ $y =$

1 und 2: Gleichungen mündlich oder schriftlich lösen 3: Alle Zahlen angeben, die die Ungleichung erfüllen
4: Die größte und die kleinste Zahl angeben, die die Ungleichung erfüllen

Daten in Tabellen und Diagrammen

1 Verbrauch von Lebensmitteln pro Person an einem Tag

Obst	Milch	Gemüse	Fleisch
300 g	170 g	240 g	250 g

Rechne hier:

a) Wie viel Gramm dieser Lebensmittel werden insgesamt pro Tag verbraucht?

☐☐☐ g

b) Wie viel Gramm dieser Lebensmittel werden pro Tag verbraucht?

von 2 Personen: ☐☐☐☐ g

von 5 Personen: ☐☐☐☐ g

von 4 Personen: ☐☐☐☐ g

von 10 Personen: ☐☐☐☐ g

2 Die Flugstrecken einiger Zugvögel

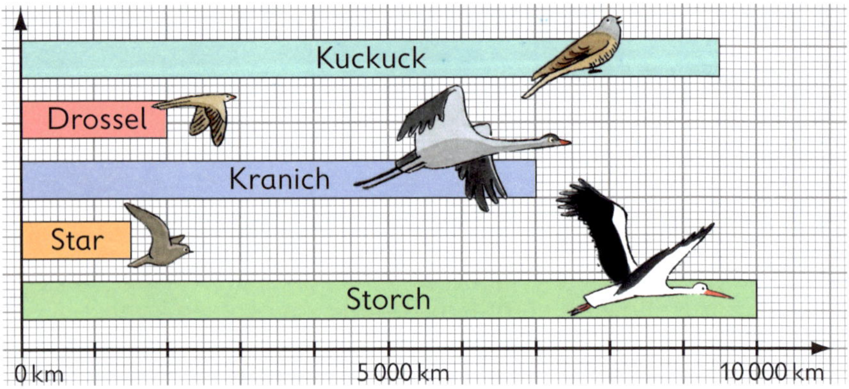

Gib die Längen der Flugstrecken für jeden Vogel an.

Kuckuck	Drossel	Kranich	Star	Storch
km	km	km	km	km

Welcher Vogel fliegt die längste Strecke, die kürzeste Strecke?

__________ ☐☐☐☐☐ km __________ ☐☐☐☐☐ km

1: Gesamtgewicht für 1/2/4/5/10 Personen berechnen
2: Länge der Flugstrecken ablesen und in die Tabelle eintragen; längste/kürzeste Strecke bestimmen

1 Die Fahrstrecke von Leipzig nach Rostock ist 448 km lang.
Wegen Bauarbeiten verlängert sich die Strecke um 37 km.
Wie viel Kilometer ist Herr Kunze gefahren, wenn er wieder in Leipzig ankommt?

Aufgabe:

Antwort: ______________________________

2 Die Urlaubsreise für einen Erwachsenen kostet 1 248 €.
Kinder bis 14 Jahre bekommen die Reise zum halben Preis.
Wie viel muss Herr Freund für sich, seine Frau und seine Tochter insgesamt bezahlen?

Aufgabe:

Antwort: ______________________________

3 Familie Lange kauft Schuhe. Die Schuhe für Finn kosten 49 €.
Die Schuhe für den Vati kosten doppelt so viel.
Für die Schuhe der Mutti müssen sie so viel bezahlen wie für die Schuhe von Finn und für die Schuhe von Vati zusammen.

Wie viel kosten die Schuhe für die Mutti?

Aufgabe:

Antwort: ______________________________

1 bis 3: Inhalt erfassen, besondere Wörter deuten; Aufgaben finden, lösen und im Satz antworten

Parallelen – Senkrechte – rechte Winkel

1 Überprüfe, welche Geraden zueinander parallel sind.

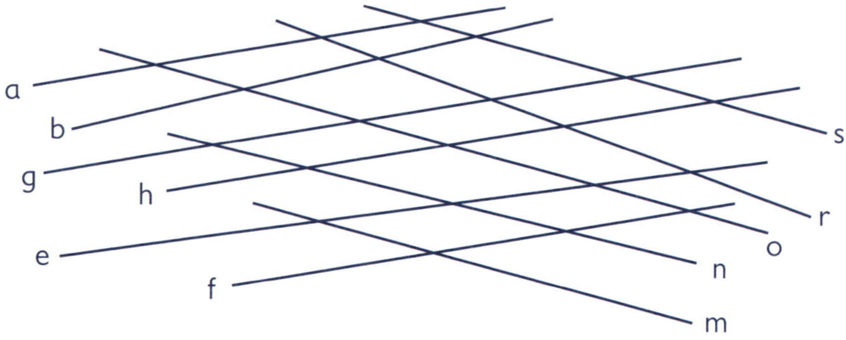

parallel zueinander sind: ______________________

parallel zueinander sind: ______________________

2 Zeichne die Parallelen rot und die Senkrechten blau ein.
Der Abstand zwischen den Linien soll gleich bleiben.

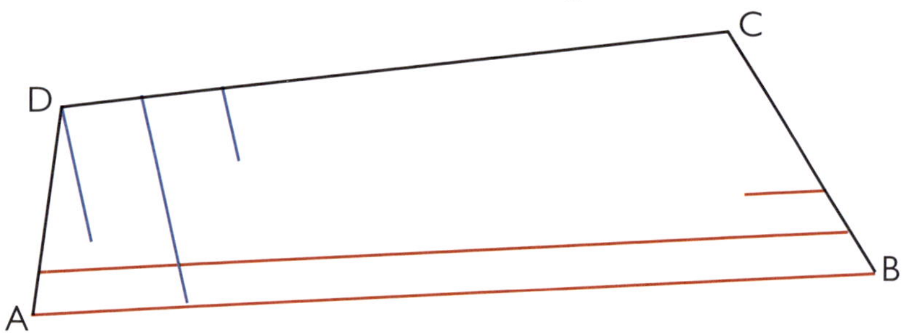

3 Kennzeichne alle rechten Winkel in den Figuren so: 

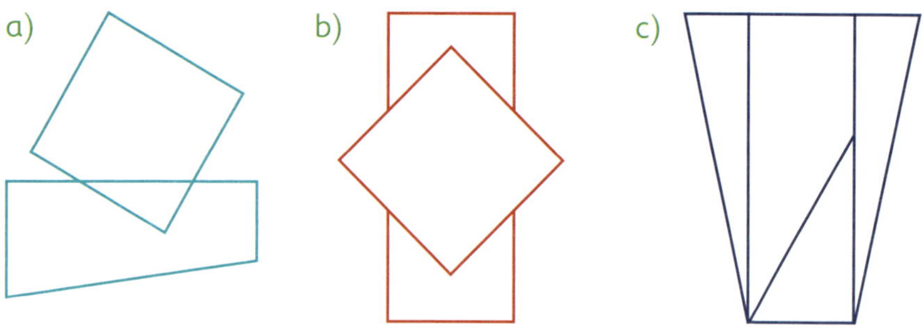

1: Parallelen erkennen und benennen 2: Parallelen und Senkrechte mit gleichem Abstand einzeichnen
3: Rechte Winkel erkennen und kennzeichnen

1

600 g + ___ g = 1 kg
300 g + ___ g = 1 kg
550 g + ___ g = 1 kg
770 g + ___ g = 1 kg

950 g + ___ g = 1 kg
180 g + ___ g = 1 kg
740 g + ___ g = 1 kg
90 g + ___ g = 1 kg

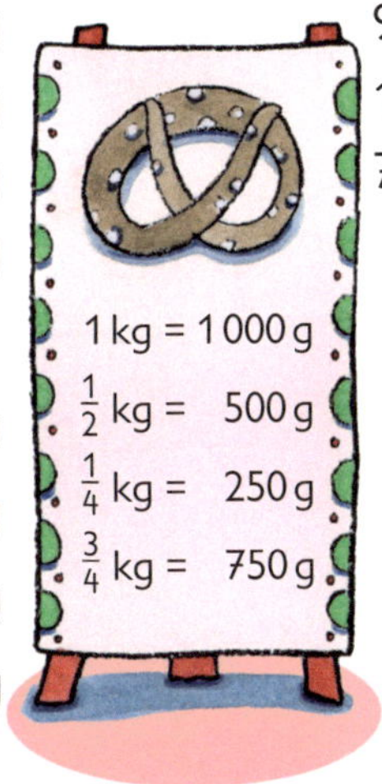

2

1 kg = 430 g + ___ g
1 kg = 60 g + ___ g
1 kg = 10 g + ___ g
1 kg = 250 g + ___ g

1 kg = $\frac{1}{2}$ kg + ___ g
1 kg = $\frac{1}{4}$ kg + ___ g
1 kg = 5 g + ___ g
1 kg = 1 g + ___ g

3 Was gehört zusammen?

500 g	5 kg 230 g	0,852 kg	250 g	1 000 g – 500 g
$\frac{1}{4}$ kg	1 kg	$\frac{1}{2}$ kg	5,230 kg	852 g
200 g + 50 g	800 g + 52 g	1 000 g – 750 g	1 000 g	

4 Möglich oder unmöglich? Kreuze an.

		Möglich	Unmöglich
Max:	Mein Vati wiegt 78,520 kg.	☐	☐
Lisa:	Mein Hamster wiegt 8,3 kg.	☐	☐
Ben:	Mein Fahrrad wiegt 18 kg 450 g.	☐	☐
Anna:	Meine Puppe wiegt $\frac{1}{2}$ kg.	☐	☐
Tom:	Ich wiege 37 kg und 250 g.	☐	☐
Maria:	Meine Katze wiegt 1 750 g.	☐	☐

1 und 2: Bis zu 1 kg ergänzen bzw. 1 kg zerlegen in Gramm 3: Gleiche Massen verbinden
4: Aussagen auf „möglich" oder „unmöglich" überprüfen

Tonne – Kilogramm

1

500 kg + ___ kg = 1 t
350 kg + ___ kg = 1 t
770 kg + ___ kg = 1 t
110 kg + ___ kg = 1 t

450 kg + ___ kg = 1 t
880 kg + ___ kg = 1 t
20 kg + ___ kg = 1 t
80 kg + ___ kg = 1 t

2

1 t = 200 kg + ___ kg
1 t = 440 kg + ___ kg
1 t = 90 kg + ___ kg
1 t = 9 kg + ___ kg

1 t = ___ kg + 930 kg
1 t = ___ kg + 995 kg
1 t = ___ kg + 510 kg
1 t = ___ kg + 140 kg

3 Was gehört zusammen? Färbe mit gleicher Farbe.

$\frac{1}{2}$ t	3 t 400 kg	760 kg	8,230 t	0,250 t
0,760 t	$\frac{1}{4}$ t	3,400 t	500 kg	8230 kg
1 t – 500 kg	3 000 kg + 400 kg	8 t 230 kg	1 t – 240 kg	

4

9,135 t = ___ kg
5,068 t = ___ kg
2,006 t = ___ kg
0,937 t = ___ kg
0,064 t = ___ kg

4 350 kg = ___ , ___ t
2 090 kg = ___ , ___ t
7 002 kg = ___ , ___ t
655 kg = ___ , ___ t
74 kg = ___ , ___ t

5 Setze das richtige Zeichen: < = >.

3,709 t ◯ 3 790 kg
5,560 t ◯ 5 600 kg

0,892 t ◯ 892 kg
0,640 t ◯ 580 kg

1,056 t ◯ 560 kg
2,009 t ◯ 2 010 kg

1 und 2: Ergänzen zu 1 t bzw. 1 t zerlegen 3: Gleichwertige Angaben erkennen und färben
4: Umwandeln 5: Relationszeichen setzen

1

3 l = ____ ml
9 l = ____ ml
4 l = ____ ml
8 l = ____ ml

400 ml + ____ ml = 1 l
670 ml + ____ ml = 1 l
810 ml + ____ ml = 1 l
140 ml + ____ ml = 1 l

2

1,5 l = ____ ml
7,8 l = ____ ml
0,9 l = ____ ml
0,4 l = ____ ml

3,2 l + ____ ml = 4 l
4,5 l + ____ ml = 5 l
6,8 l + ____ ml = 7 l
1,9 l + ____ ml = 2 l

3

4,255 l = ____ ml
7,530 l = ____ ml
8,064 l = ____ ml
9,002 l = ____ ml

6 l + 300 ml = ____ ml
8 l + 500 ml = ____ ml
3 l + 300 ml = ____ ml
5 l + 900 ml = ____ ml

4 Setze das richtige Zeichen: < = >.

0,9 l ◯ 1,00 l	$\frac{1}{2}$ l ◯ 250 ml	1,8 l ◯ 900 ml
3,8 l ◯ 3,79 l	$\frac{1}{4}$ l ◯ 300 ml	7,5 l ◯ 8 100 ml
6,5 l ◯ 7,12 l	3 l ◯ 2 990 ml	9,3 l ◯ 9 300 ml
0,7 l ◯ 1,22 l	8 l ◯ 8 100 ml	0,4 l ◯ 2 000 ml

5 Ordne die Zahlen. Beginne mit der größten Angabe.

400 ml | 0,350 l | 2,5 l | 1 400 ml | $\frac{1}{2}$ l | 200 ml | $\frac{1}{4}$ l | 760 ml

1: und 2: Umrechnen in Millimeter; Ergänzen zum Liter 3: Umrechnen in Milliliter und Addieren
4: Relationszeichen setzen 5: Ordnen nach Vorschrift

Größenangaben in Kommaschreibweise

1 Überschlage zuerst und rechne dann.

3,48 € + 0,45 €

Ü:

247,50 € – 205,05 €

Ü:

6,48 m + 0,54 m

Ü:

236,84 km – 98,56 km

Ü:

6,57 l + 2,268 l

Ü:

347,50 l – 209,014 l

Ü:

9,689 t + 2,350 t

Ü:

8,957 t – 4,218 t

Ü:

2

7,4 km = ____ m

3,8 m = ____ cm

6 750 ml = __ , ___ l

999 ml = __ , ___ l

8 300 g = __ , ___ kg

950 g = __ , ___ kg

5,833 t = ____ kg

0,093 t = ____ kg

1: Zuerst Überschlagen, dann Addieren/Subtrahieren
2: Umrechnen in die gegebene Einheit

1. In der Figur sind insgesamt 10 Vierecke versteckt.

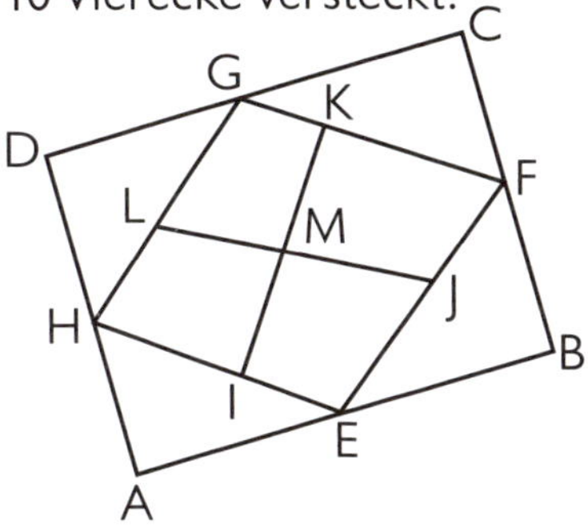

ABCD;

2. In dieser Figur haben sich insgesamt 6 Dreiecke versteckt.

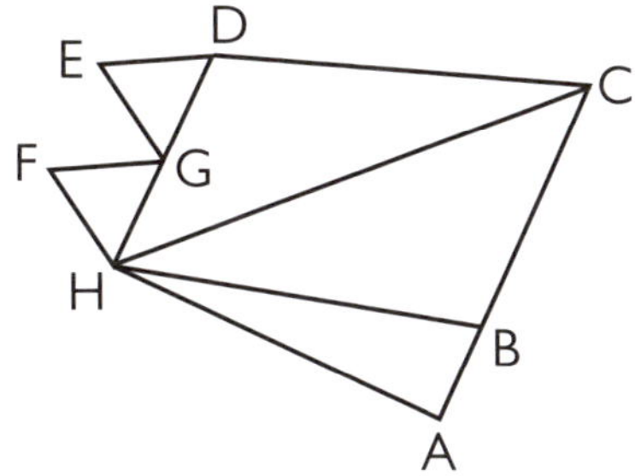

HFG;

3. Zeichne ein Dreieck so dazu, dass immer ein Parallelogramm entsteht.

a)

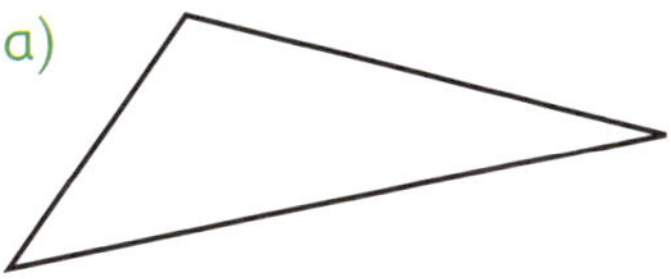

b)

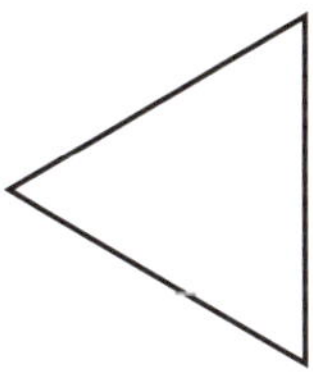

c)

4. Zeichne Geraden so ein, dass jede Figur in zwei Dreiecke und zwei Vierecke zerlegt wird.

a)

b)

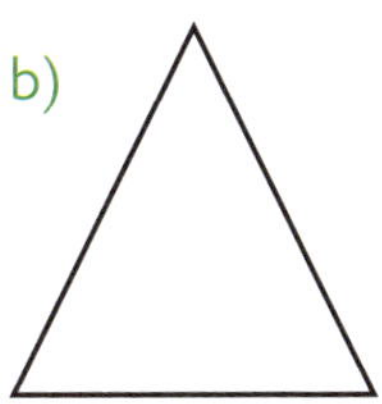

c)

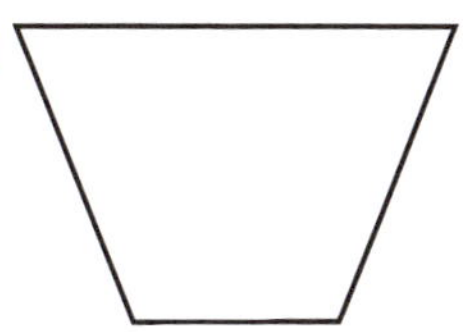

Zeichnen von Vierecken

1 a) Zeichne ein Rechteck mit den Seitenlängen 8 cm und 3 cm.
b) Zeichne zwei Geraden so ein, dass vier gleich große Rechtecke entstehen.

2 Zeichne in das Quadrat ABCD ein Quadrat, dessen Seiten halb so lang sind.

3 Vervollständige zum Parallelogramm mit Seiten von 5 cm und 3 cm Länge.

4 Ergänze zum Trapez mit den Seiten $\overline{AB} = 7$ cm und $\overline{CD} = 4$ cm.

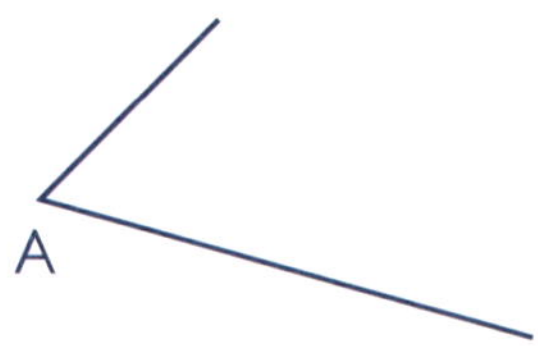

1 bis 4: Vierecke nach Vorgabe zeichnen

① Zeichne um M Kreise mit:

a) r = 10 mm
b) r = 15 mm
c) r = 20 mm

x
M

△2 Zeichne um jeden Eckpunkt des Rechtecks einen Kreis. Beginne mit Punkt A. Die Kreise um die Punkte A und B haben einen Durchmesser von jeweils 2,8 cm. Der Durchmesser der Kreise um die Punkte C und D soll doppelt so groß sein.

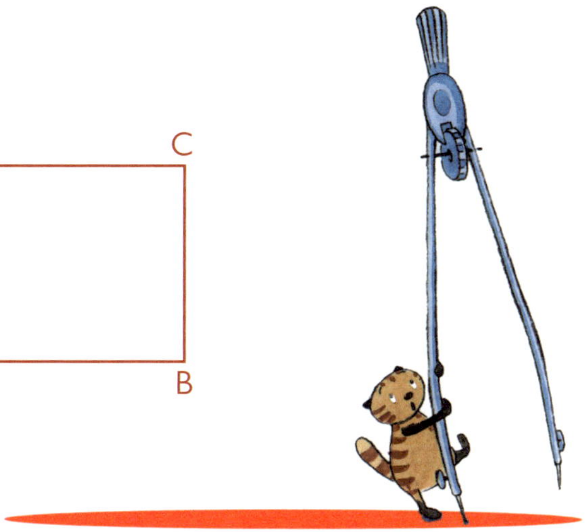

3 Rechne um.

r = 6,4 cm	r = ___ cm ___ mm	r = ___ mm
r = 0,86 m	r = ___ cm	r = ___ mm
d = 2,60 m	d = ___ cm	d = ___ mm
d = 0,08 m	d = ___ cm	d = ___ mm

1: Kreise mit dem gegebenen Radius zeichnen
2: Kreise nach Vorgabe zeichnen 3: Umrechnen

Vielfache und Teiler

① Welche Zahlen gehören nicht in das Haus?
Streiche sie durch.

② Hier haben sich Zahlen eingeschlichen, die nicht in die Zahlentruhe gehören. Streiche sie durch.

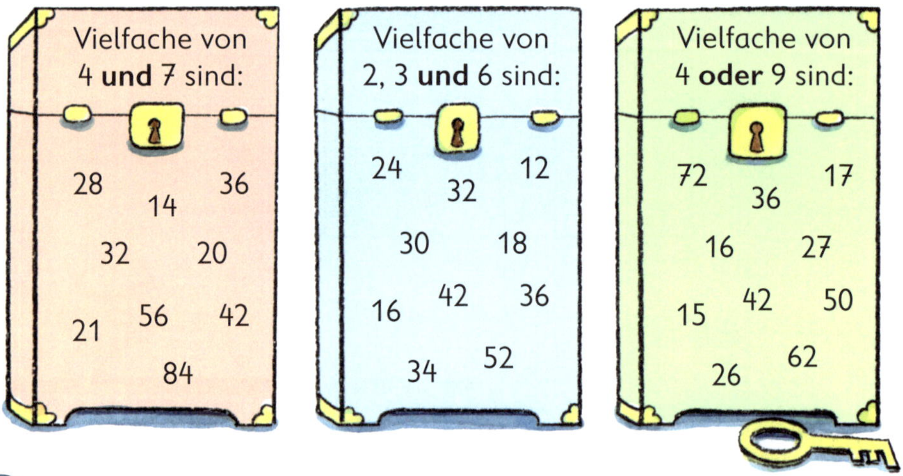

③ Schreibe drei Zahlen auf,

die den Teiler 7 haben:
die den Teiler 5 haben:
die den Teiler 10 haben:

1: Zahlen erkennen, die nicht die gegebenen Teiler haben
2: Zahlen erkennen, die nicht Vielfache der gegebenen Zahlen sind
3: Jeweils 3 Zahlen für den angegebenen Teiler finden

1

362 · 10 =
4 325 · 10 =
17 406 · 10 =

453 · 100 =
2 176 · 100 =
30 246 · 100 =

314 · 1 000 =
5 627 · 1 000 =
72 194 · 1 000 =

2

	3	·	4	2	0		=				
	3	·	4	0	0		=				
	3	·		2	0		=				
				+			=				

	6	·	3	4	0	0				=					
		·								=					
		·								=					
					+					=					

3

	9	1	0	0	0	·	7				=						
						·					=						
						·					=						
						+					=						

					5	·	5	3	0	0	0	=						
						·						=						
						·						=						
						+						=						

1: Mündliches Multiplizieren
2 und 3: Halbschriftliches Multiplizieren

Dividieren

1

360 : 4 = ___
3 600 : 4 = ___
36 000 : 4 = ___
360 000 : 4 = ___

540 : 6 = ___
5 400 : 6 = ___
54 000 : 6 = ___
540 000 : 6 = ___

2

2 400 : 8 = ___
2 400 : 80 = ___
2 400 : 800 = ___

63 000 : 7 = ___
63 000 : 70 = ___
63 000 : 700 = ___

3

2	5	6	0	:	4	0	=		
2	4	0	0	:	4	0	=		
	1	6	0	:	4	0	=		
				+			=		

4	3	8	0	:	6	0	=		
				:	6	0	=		
				:	6	0	=		
				+			=		

3	0	4	0	0	:	4	0	0	=		
					:	4	0	0	=		
					:	4	0	0	=		
					+				=		

3	8	7	0	:	9	0	=		
				:			=		
				:			=		
				+			=		

7	3	6	0	0	:	8	0	0	=		
					:	8	0	0	=		
					:	8	0	0	=		
					+				=		

4 Bilde Divisionsaufgaben und löse sie.

Berechne den Quotienten aus 25 600 und 40.

___

Der Divisor ist 800, der Dividend das Hundertfache von 4 920.

___

Der Dividend ist die Summe aus 7 200 und 2 400.
Der Divisor ist 40.

___

1 und 2: Mündliches Dividieren 3: Halbschriftliches Dividieren
4: Inhalt verstehen, Aufgaben finden und lösen

1 Überschlage zuerst, multipliziere dann.

Ü: ___ 322 · 4

Ü: ___ 2133 · 2

Ü: ___ 23233 · 3

Ü: ___ 43012 · 2

Ü: ___ 102102 · 4

2

Ü: ___ 215 · 4

Ü: ___ 1064 · 2

Ü: ___ 10807 · 7

Ü: ___ 434 · 5

Ü: ___ 15133 · 7

Ü: ___ 5432 · 6

3 Ergänze.

648 · 8 = 5 ☐ 8 ☐

4516 · 7 = 31 ☐ ☐ 2

2 ☐ 46 · 4 = 93 ☐ 4

4 Finde die Fehler und berichtige sie.

7 8 4 · 6 = 4604

4 6 3 5 · 5 = 22185

4 0 7 9 · 3 = 12246

5 Die Faktoren sind die Zahlen 9 und 3 647.
Berechne das Produkt.

Multiplizieren mit Zehner- und Hunderterzahlen

1

Ü:
73 · 40

Ü:
274 · 60

Ü:
3420 · 90

Ü:
2127 · 80

Ü:
20314 · 30

2

Ü:
784 · 500

Ü:
648 · 700

Ü:
999 · 400

Ü:
707 · 600

3 Der Baumarkt hat 80 Paletten mit je 364 Wegeplatten ausgeliefert.

Frage: ______________________

Aufgabe:

Antwort: ______________________

4 Der Großmarkt erhält eine Lieferung von 300 Kartons mit Ananasbüchsen. Jeder Karton enthält 176 Büchsen.

Frage: ______________________

Aufgabe:

Antwort: ______________________

1 und 2: Überschlagen und Multiplizieren mit Zehner- bzw. Hunderterzahlen
3 und 4: Inhalt erfassen, Fragen formulieren, Aufgaben finden, lösen und im Satz antworten

1

$13 \cdot 40 + 15 \cdot 30 =$ ___

$13 \cdot 40 =$ ___

$15 \cdot 30 =$ ___

___ + ___ = ___

$25 \cdot 20 + 60 \cdot 150 =$ ___

___ · ___ = ___

___ · ___ = ___

___ + ___ = ___

2

$579 - 25 \cdot 20 =$

=

=

$43 \cdot 90 - 435 =$

$52 \cdot 70 + 369 =$

3

$(789 - 344) \cdot 6 =$

=

=

$(4275 + 225) \cdot 30 =$

$(6482 + 1744) \cdot 5 =$

1 bis 3: Anwenden der Rechenregeln; Rechnen in Teilschritten

Multiplizieren mehrstelliger mit zweistelligen Zahlen

1. Ü: $36 \cdot 35$ | Ü: $243 \cdot 24$ | Ü: $318 \cdot 42$

2. Ü: $3457 \cdot 34$ | Ü: $5095 \cdot 63$

3. Multipliziere den Nachfolger von 831 mit dem Vorgänger von 100.

   Multipliziere die Hälfte von 2844 mit dem Doppelten von 37.

4. Das Planschbecken ist mit 425 l Wasser gefüllt.
   Im Schwimmbecken ist 28-mal so viel Wasser. Es ist 195 cm tief.

   Frage: ______________________________

   Aufgabe:

   Antwort: ______________________________

1 und 2: Überschlagen und schriftliches Multiplizieren 3: Inhalt erfassen, Aufgaben finden und lösen
4: Zum Inhalt eine passende Frage finden, Aufgabe bilden, lösen und im Satz antworten

1

362 · 354

438 · 242

318 · 409

2

357 · 444

505 · 632

706 · 208

3

Multipliziere den Vorgänger von 530 mit der Hälfte von 350.

Multipliziere das Zweifache von 244 mit dem Dreifachen von 111.

4 Eine Fabrik für Rechner montiert täglich 894 Rechner.
Die Produktion ist für 255 Tage vorgesehen.

Frage: ______________________________

Aufgabe:

Antwort: ______________________________

1 und 2: Überschlagen und schriftliches Multiplizieren 3: Inhalt erfassen, Aufgabe finden und lösen
4: Zum Inhalt eine passende Frage finden, Aufgabe bilden, lösen und im Satz antworten

1

Ü:
6,28 € · 8

Ü:
0,82 m · 300

Ü:
23,35 kg · 25

Ü:
4,763 t · 53

Ü:
346,749 km · 23

Ü:
9,86 m · 44

2 Herr Schmidt tankt
63 Liter Diesel.
Frau Lehmann tankt
59 Liter Super Plus.
Wer muss mehr bezahlen?

Aufgabe:

Antwort: ______________________________

____

1: Überschlagen und schriftlich Multiplizieren
2: Inhalt erfassenen, Aufgabe finden, lösen und im Satz antworten

1 Zeichne die Zeiger in die Uhren ein.

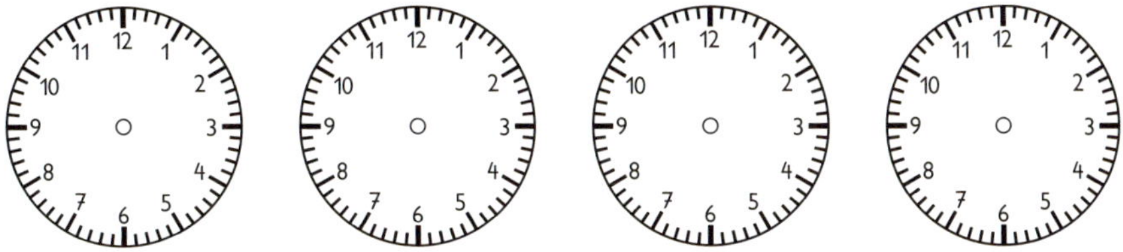

14:20 Uhr | 7:30 Uhr | 17:40 Uhr | 13:25 Uhr

2 Gib die Vormittags- und die Nachmittagszeit an.

Uhr	Uhr	Uhr	Uhr
Uhr	Uhr	Uhr	Uhr

3

420 min = ___ h
240 min = ___ h
180 s = ___ min
540 s = ___ min

$\frac{1}{2}$ h = ___ min
3 h = ___ min
$\frac{1}{4}$ min = ___ s
5 min = ___ s

2 h 25 min = ___ min
7 h 18 min = ___ min
4 min 14 s = ___ s
9 min 5 s = ___ s

97 min = ___ h ___ min
143 min = ___ h ___ min
182 min = ___ h ___ min
255 min = ___ h ___ min

4

7 Wochen = ___ Tage
31 Wochen = ___ Tage
21 Tage = ___ Wochen
56 Tage = ___ Wochen

3 Jahre = ___ Monate
$\frac{1}{2}$ Jahr = ___ Monate
48 Monate = ___ Jahre
24 Monate = ___ Jahre

1: Zeiger einzeichnen 2: Uhrzeiten angeben
3 und 4: Umrechnen

Zeitpunkt – Zeitdauer

1

	Abfahrt	Fahrzeit	Ankunft
a)	19:25 Uhr	+ 28 min →	___ Uhr
b)	8:34 Uhr	+ 48 min →	___ Uhr
c)	20:12 Uhr	+ 1 h 13 min →	___ Uhr
d)	4:55 Uhr	+ 3 h 35 min →	___ Uhr

2

	Abfahrt	Fahrzeit	Ankunft
a)	5:55 Uhr	+ ___ min →	5:58 Uhr
b)	14:43 Uhr	+ ___ min →	15:36 Uhr
c)	18:04 Uhr	+ ___ h ___ min →	20:26 Uhr
d)	7:52 Uhr	+ ___ h ___ min →	11:09 Uhr
e)	9:17 Uhr	+ ___ h ___ min →	10:27 Uhr

3 Es ist 7:17 Uhr.

a) Vor 40 min war es: ____________ Uhr.

b) In 2 h und 23 min ist es: ____________ Uhr.

c) Bis 8:15 Uhr vergehen noch ____________ Minuten.

d) In 53 min ist es ____________ Uhr.

1: Zeitpunkt der Ankunft berechnen 2: Fahrzeit berechnen
3: Inhalt erfassen und Zeiten/Minuten angeben

1. Gib den Flächeninhalt der Figuren mit der Anzahl der Kästchen an.

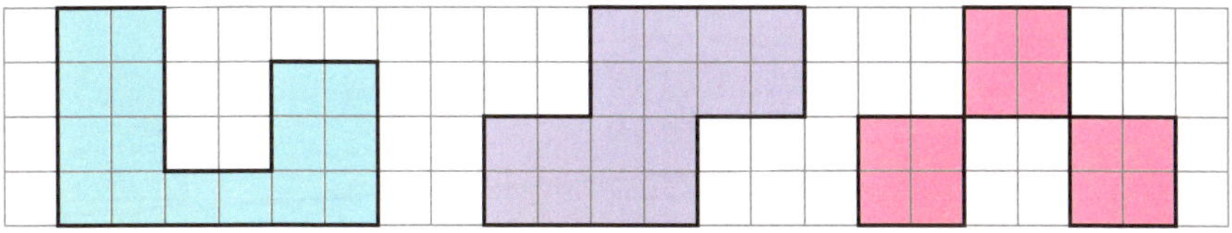

Kästchen   Kästchen   Kästchen

2. Zeichne ein Rechteck, das 14 Kästchen lang und 4 Kästchen breit ist. Gib den Flächeninhalt des Rechtecks an.

Flächeninhalt:

Kästchen

3. Gib den Umfang der Figuren an.

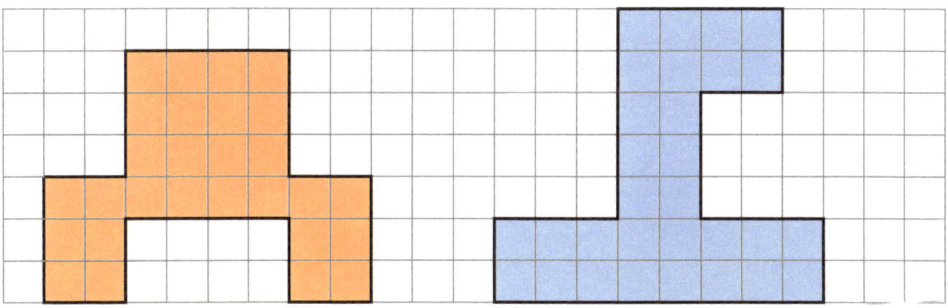

Umfang = cm   Umfang = cm
Umfang = mm   Umfang = mm

4. Die Tabelle enthält Angaben von vier Rechtecken. Berechne die fehlenden Angaben.

Länge	8 cm	60 mm	cm	3 cm
Breite	5 cm	20 mm	4 cm	cm
Umfang	cm	mm	14 cm	20 cm

Dividieren mehrstelliger durch einstellige Zahlen

1

$756 : 6 =$

K:

$6920 : 8 =$

K:

$6188 : 7 =$

K:

$5283 : 9 =$

K:

2 Der Verpackungsautomat schweißt in einer Minute 4 400 Sticker in Tüten mit je 8 Stickern. Wie viele Tüten werden in einer Minute fertig?

Aufgabe:

Antwort: ______________________________

1 Überschlage erst, dividiere dann.

Ü:

9 2 9 4 : 4 =

K:

+

2 Erst den Überschlag bilden, dann dividieren und zum Schluss die Kontrolle.

Ü:

6 4 9 1 : 8 =

K:

+

Ü:

2 2 3 5 : 9 =

K:

+

1: Überschlagen und schriftliches Dividieren
2: Überschlagen, schriftliches Dividieren; Kontrolle mit der Umkehraufgabe

Teilbarkeit

1. Kreise alle Zahlen ein:

   a) rot, die durch 2 teilbar sind

   b) blau, die durch 3 teilbar sind

   c) grün, die durch 9 teilbar sind

2. Schreibe drei vierstellige Zahlen auf, die durch 5 teilbar sind.

   Schreibe drei fünfstellige Zahlen auf, die durch 5 **und** durch 10 teilbar sind.

   Schreibe drei sechsstellige Zahlen auf, die durch 2 teilbar sind.

3. Schreibe alle Zahlen auf:

   die zwischen 7459 und 7465 liegen und durch 2 teilbar sind

   die zwischen 7223 und 7235 liegen und durch 3 teilbar sind

4. Ist es möglich, gerecht zu verteilen?
   Kreuze an.

	Möglich	Unmöglich
257 Gummibärchen an 3 Kinder	☐	☐
1320 Wimpel auf 5 Wimpelketten	☐	☐
456 Eintrittskarten an 2 Schulen	☐	☐
80430 l Benzin an 10 Tankstellen	☐	☐
165 kg Fisch an 4 Delphine	☐	☐

1: Teilbare Zahlen kennzeichnen 2 und 3: Zahlen finden
4: Möglichkeit bestimmen und begründen

1

(77 + 99) : 8 =

(148 + 146) : 3 =

(99 − 31) : 4 =

(808 − 408) : 8 =

2

525 : 5 − 15 =

525 : (21 − 6) =

1 und 2: Rechenregeln anwenden

(1) Ü:

1 4 2, 8 5 € : 5 =

(2) Ü:

9 6, 4 8 0 km : 8 0 =

(3) Ü:

7 2, 2 4 0 kg : 6 0 =

[4] Monika hat in Mathematik folgende Zensuren erhalten:

Zensur	1	2	3	4	5	6
Anzahl	5	7	5	0	0	0

Berechne den Zensurendurchschnitt.

1 bis 3: Dividieren durch eine einstellige/zweistellige Zahl
4: Durchschnitt berechnen

1 Wie viele verschiedene dreistellige Zahlen kannst du mit den Ziffernkarten legen? Schreibe alle auf.

7 0 9

2 Schreibe mindestens 6 vierstellige Zahlen auf, die du mit den Ziffernkarten legen kannst.

8 5 3 7

3 In einer Schachtel liegen 25 rote Kugeln, 10 blaue Kugeln und 5 gelbe Kugeln.

Wie viele Kugeln musst du mit verbundenen Augen mindestens herausnehmen, damit sicher

a) eine rote Kugel dabei ist? ____ Kugeln

b) eine blaue Kugel dabei ist? ____ Kugeln

c) eine gelbe Kugel dabei ist? ____ Kugeln

4 An einem Irrgarten hängt dieser Wegeplan zur Orientierung:

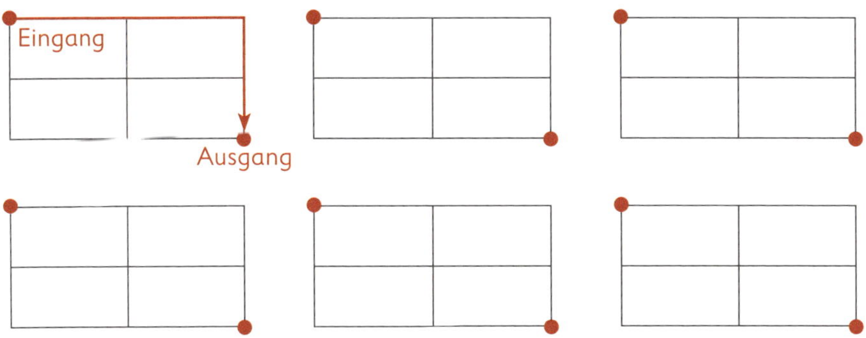

Ben behauptet, es gibt genau 6 Möglichkeiten, um vom Eingang zum Ausgang zu kommen, ohne einen Weg doppelt zu gehen. Finde diese Wege und zeichne sie farbig ein.

1

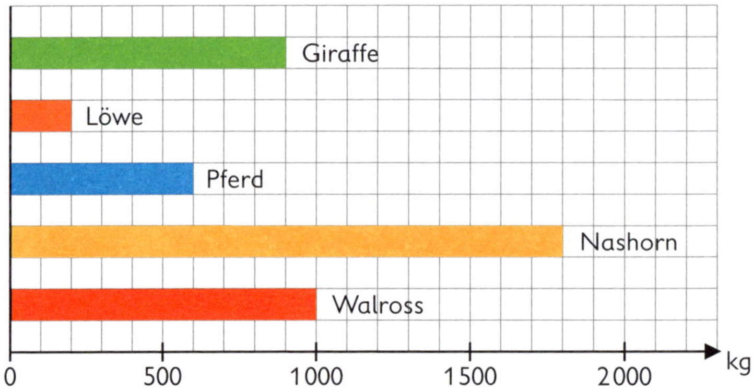

a) Lies das Gewicht der Tiere ab.

Nashorn: ______ kg Löwe: ______ kg Pferd: ______ kg

b) Welches Tier ist doppelt so schwer wie eine Giraffe?

Giraffe: ______ kg ______________ : ______ kg

2 Während der Schonzeit dürfen Tiere nicht gejagt werden.

a) Wie viele Tage sind das?

Tier	Schonzeit	Anzahl der Tage
Reh	01.02. bis 16.09.	
Hase	15.01. bis 16.10.	
Wildente	01.02. bis 30.06.	
Dachs	15.01. bis 30.06.	
Ringeltaube	15.04. bis 30.06.	

b) Welches Tier hat die kürzeste Schonzeit? ______________

Welches Tier hat die längste Schonzeit? ______________

3 Wenn du mit einem Würfel sechsmal würfelst, dann ist die Summe der gewürfelten Augen:

	Möglich	Sicher	Unmöglich
genau 21			
kleiner als 21 oder 21			
größer als 21			

Kreuze an.

1: Gewicht der Tiere ablesen
2: Anzahl der Schontage berechnen; kürzeste/längste Schonzeit finden 3: Entscheidung treffen

① Richtig oder falsch? Kreuze an.

	richtig	falsch
a) Ein Zylinder hat 3 Flächen.	◯	◯
b) Eine Pyramide hat 3 Flächen.	◯	◯
c) Ein Quader hat 8 Flächen.	◯	◯
d) Ein Kegel hat 2 Flächen.	◯	◯

② Wie viele Flächen haben diese Körper?

a) 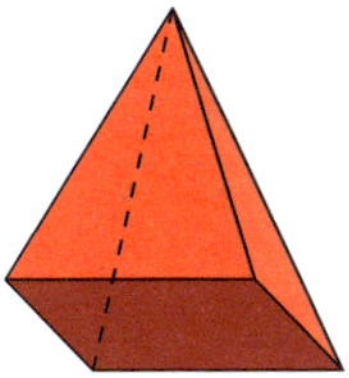

☐ Flächen

b) 

☐ Flächen

c) 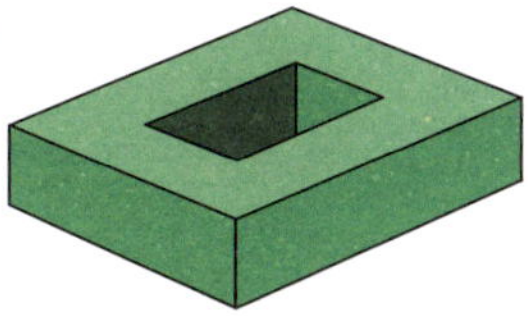

☐☐ Flächen

d) 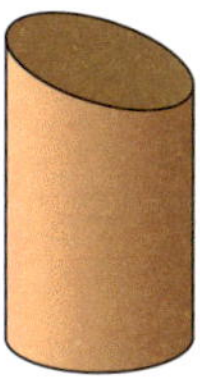

☐ Flächen

e) 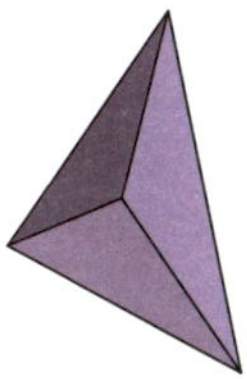

☐ Flächen

f) 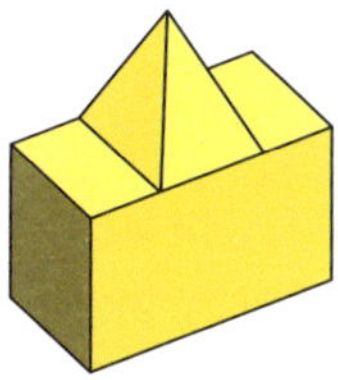

☐☐ Flächen

3 Anna schaut von oben auf drei Körper und sieht diese Figuren.
Schreibe zu jeder Figur den Namen des Körpers.

a) 

______

b) 

______

c) 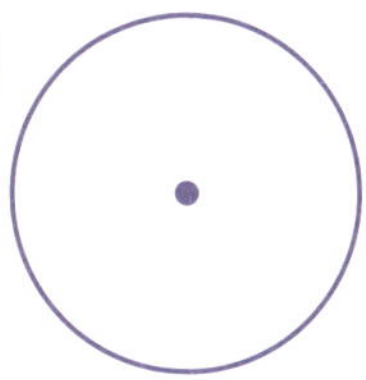

______

1: Entscheiden, ob die Aussage richtig oder falsch ist
2: Anzahl der Flächen angeben 3: Körpernamen zuordnen

1 Vervollständige zu Würfelnetzen.

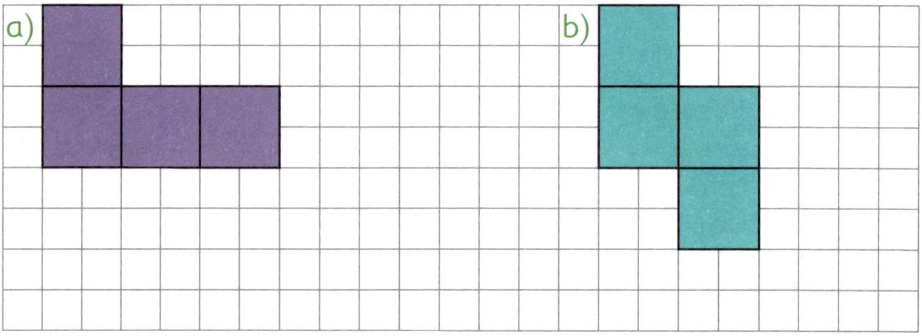

2 Ergänze die fehlenden Punkte auf den Würfelnetzen.

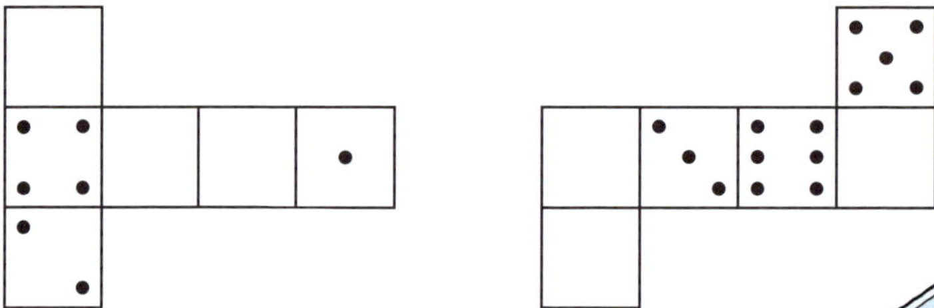

3 Vervollständige zu Quadernetzen.

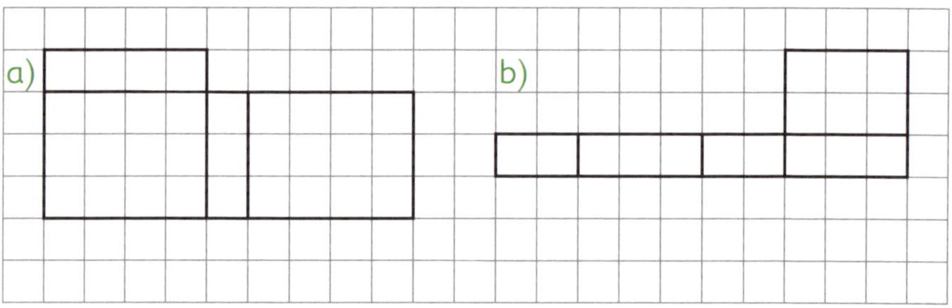

4 Male die gegenüberliegenden Seiten des Quaders mit der gleichen Farbe aus.

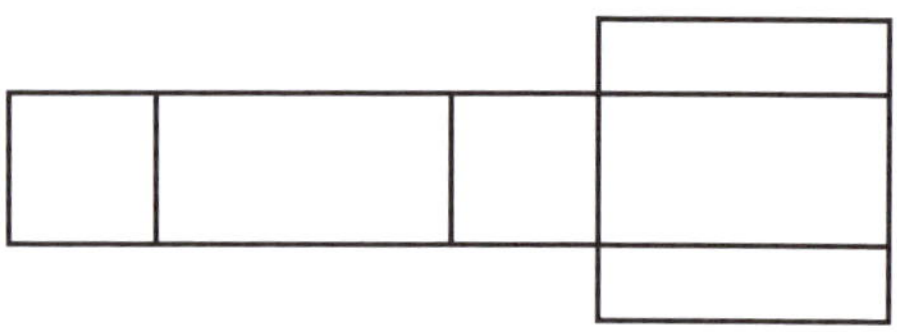

1 und 3: Würfel- bzw. Quadernetze vervollständigen 2: Fehlende Würfelaugen eintragen
4: Seiten nach Vorgabe färben

1 a) Aus wie vielen Würfeln bestehen die Würfelbauten?

A

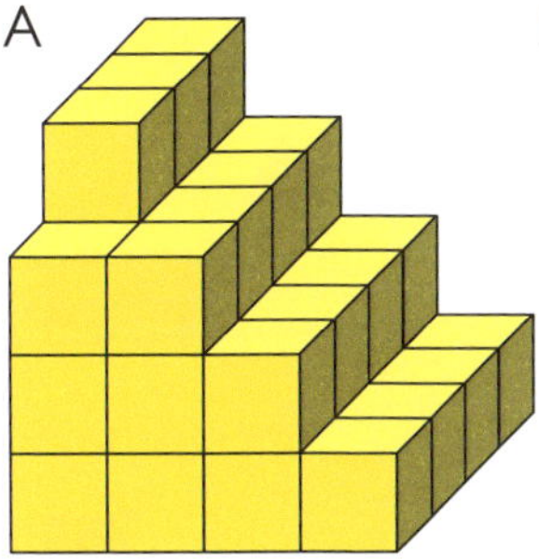

B

C

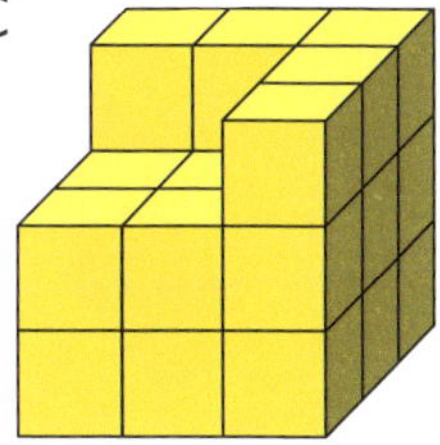

Würfel Würfel Würfel

b) Ordne den Würfelbauten immer den richtigen Bauplan zu.

D

3	3	3
2	2	3
2	2	3

E

4	3	2	1
4	3	2	1
4	3	2	1
3	3	2	1

F

3	2	2
2	1	1
2	1	1
2	1	

zu A gehört: zu B gehört: zu C gehört:

2 Schreibe für jeden Würfelbau den Bauplan.

1: Anzahl der Würfel bestimmen; Baupläne den Bauten zuordnen
2: Baupläne schreiben

Ansichten

1 Ben hat verschiedene Ansichten der Kirche aufgezeichnet. Welche Ansichten passen zur Kirche? Kreuze an.

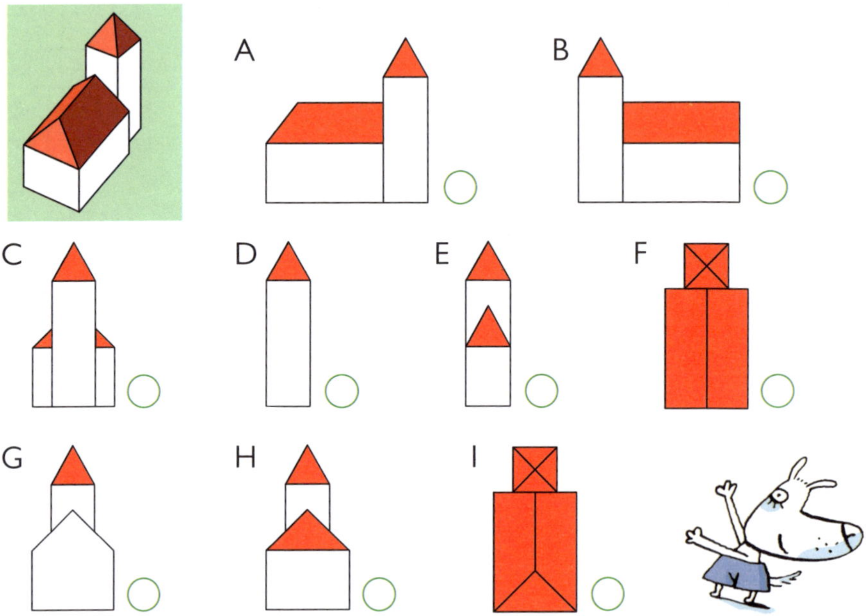

2 Betrachte den Würfelbau von vorn, von rechts, von hinten und von links.

Zeichne auf, was du aus der jeweiligen Richtung siehst.

von rechts

von vorn

von oben

von links

1: Ansichten der Kirche zuordnen
2: Ansichten für die vier Richtungen zeichnen